U0068062

這個時候
你該怎麼辦？

從恐龍環伺到荒野逃生的生存挑戰

監修—久保田克博 兵庫縣立人與自然博物館研究員

繪者—小豆野由美

譯者—李彥樺

審訂—楊子睿 國立自然科學博物館助理研究員

目次

第1關 恐龍來了趕快逃！　23

第2關 查出時代背景！　37

第6關 擊退凶暴的恐龍！　　93

本書曾登場的古生物們　　93

本書的閱讀方式

情境問題

選 Ⓐ 還是 Ⓑ ……？
想活下去，就得找出正確答案！

在故事裡，你會遇上各種不同的危機。發揮你的想像力，選出心中的答案吧。在文章或圖片裡，或許能找到一些提示……

解答頁

就算選到錯誤的答案，
遊戲也不會就此結束！

雖然這些生存挑戰的情境看似不可能發生在現實中，不過只要認真思考，一定能找出正確的答案！書中對正確答案及錯誤答案都有詳細說明，不用怕犯錯，只要懂得從錯誤中學習，就可以強化困境求生力。

道具頁・訓練頁

靠著道具及訓練增加存活率！

在解答頁的結尾，還會介紹遇上危險時方便好用的道具，以及能夠大幅強化求生能力的訓練方法。只要學會這些，你也是生存專家！

知識Tips

獻給想要更加了解恐龍的你！

如果你心裡想著「好想對恐龍有更進一步的了解」，建議你讀一讀每一關最後的「知識Tips」。可以了解更多恐龍的詳細知識，你也可以成為恐龍專家！

登場人物介紹

龍也

面對危機絕不輕言放棄，勇於挑戰
眼前的困境。但做事有些魯莽，常
常還沒有想清楚就採取行動。

小呆

擁有一雙靈巧的手，擅長料理及縫
紉。四個兄弟姊妹之中的長男，有
著喜歡照顧人的性格。

莎拉

動植物圖鑑的愛好者。特別喜歡古
生物，是個擁有豐富恐龍知識的女
孩子。

小不點

年幼的恐龍，很喜歡親近人類。和
龍也等人一起行動。

恐龍的基本知識

恐龍生存的 時代

恐龍最早出現於大約 2 億 3 千萬年前。恐龍生存的時代又稱作「中生代」，還可以分為三疊紀、侏羅紀及白堊紀。

年代表

地球的誕生

人類出現於約700萬～600萬年前

約46億年前 ——— 約5億4100萬年前 ——— 約2億5190萬年前 ——— 約6600萬年前 ——— 現代

前寒武紀時期	古生代	中生代	新生代

三疊紀 約2億5190萬年前～	侏羅紀 約2億130萬年前～	白堊紀 約1億4500萬年前～
什麼樣的時代？	什麼樣的時代？	什麼樣的時代？
恐龍大約出現於 2 億 3 千萬年前，剛開始恐龍的數量和種類都不多，但是在三疊紀的晚期，地球上的物種滅絕了約 4 分之 3*，恐龍因而崛起，地球從此進入恐龍的時代。	進入侏羅紀後，地球上開始出現巨大的恐龍，同時也出現了鳥類。植物方面，銀杏樹、松樹等針葉樹大量生長，因而出現了許多以這些植物為食物的植食性恐龍。	在整個中生代之中，白堊紀是恐龍數量最多的時代。但是到了白堊紀晚期，因為巨大隕石撞擊地球，導致大多數的恐龍都滅絕了，恐龍的時代就此結束。
三疊紀的主要恐龍 ・始馳龍（Eodromaeus） ・虛形龍（Coelophysis） ・板龍（Plateosaurus） ・艾雷拉龍（Herrerasaurus）	**侏羅紀的主要恐龍** ・異特龍（Allosaurus） ・彎龍（Camptosaurus） ・劍龍（Stegosaurus） ・腕龍（Brachiosaurus）	**白堊紀的主要恐龍** ・甲龍（Ankylosaurus） ・伶盜龍（Velociraptor） ・三角龍（Triceratops） ・暴龍（Tyrannosaurus）

*關於物種滅絕的原因，其實有很多種說法，其中有兩種是比較主要的說法，一種是地殼變動引發火山爆發，另一種是隕石撞擊地球引發氣候變動。

恐龍生存的 分類

恐龍依照骨盆的特徵，可以分成幾大類。以下就來看看，恐龍有哪些種類吧。

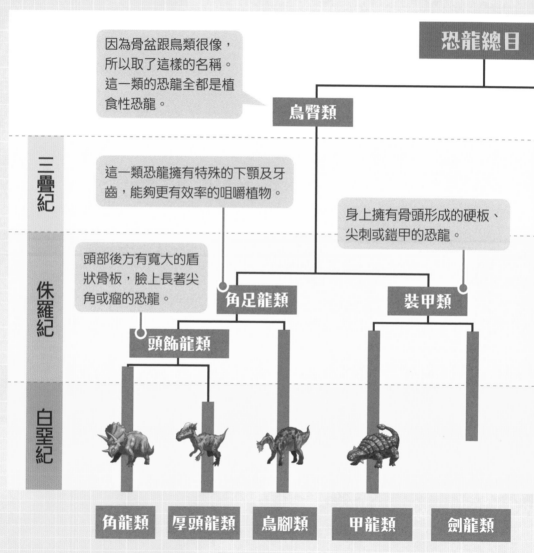

恐龍總目

因為骨盆跟鳥類很像，所以取了這樣的名稱。這一類的恐龍全都是植食性恐龍。

鳥臀類

這一類恐龍擁有特殊的下顎及牙齒，能夠更有效率的咀嚼植物。

身上擁有骨頭形成的硬板、尖刺或鎧甲的恐龍。

頭部後方有寬大的盾狀骨板，臉上長著尖角或瘤的恐龍。

角足龍類

裝甲類

頭飾龍類

三疊紀

侏羅紀

白堊紀

| 角龍類 | 厚頭龍類 | 鳥腳類 | 甲龍類 | 劍龍類 |

※依照現行的分類，鳥類也是屬於恐龍類，但本書基於說明上的方便性，除非另有說明，
　否則「恐龍」指的都是「鳥類以外的恐龍類生物」。

「恐龍」到底是什麼意思？

恐龍的學名「Dinosauria」是由希臘文的「*deinos*（恐怖）」與拉丁文「*sauros*（蜥蜴）」合併而來，因此中文翻譯成「恐龍」。

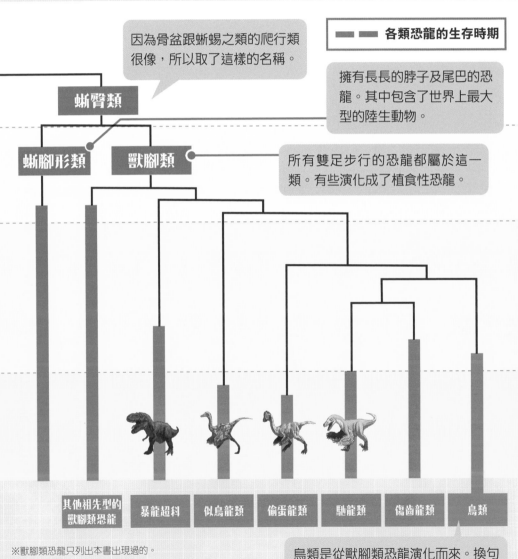

因為骨盆跟蜥蜴之類的爬行類很像，所以取了這樣的名稱。

▬ ▬ ▬ **各類恐龍的生存時期**

擁有長長的脖子及尾巴的恐龍。其中包含了世界上最大型的陸生動物。

蜥臀類

蜥腳形類　　**獸腳類**

所有雙足步行的恐龍都屬於這一類。有些演化成了植食性恐龍。

| 其他祖先型的獸腳類恐龍 | 暴龍超科 | 似鳥龍類 | 偷蛋龍類 | 馳龍類 | 傷齒龍類 | 鳥類 |

※獸腳類恐龍只列出本書出現過的。

鳥類是從獸腳類恐龍演化而來。換句話說，恐龍是鳥類的祖先！

恐龍的 **骨骼**

恐龍的
基本知識

只要仔細觀察恐龍的骨骼，就能推測出恐龍會做出什麼樣的動作。

恐龍的各部位頭骨名稱（以暴龍為例）

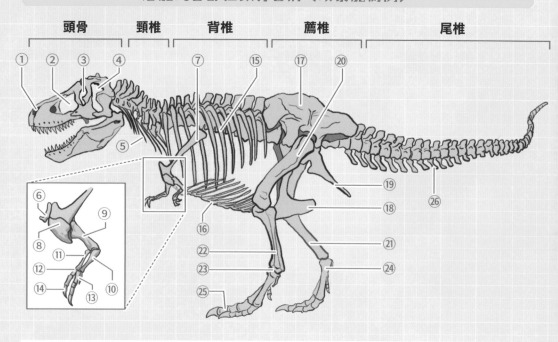

① **外鼻孔**：恐龍的鼻孔。

② **眶前孔**：位於眼窩前方的孔，可以讓骨骼更輕。

③ **眼窩**：眼珠所在的孔。

④ **顳顬孔**：位於眼窩後方的孔，原本這裡有著負責開合下頜的肌肉。

⑤ **頸肋骨**：位於頸椎骨下方的細長骨頭，人類沒有。

⑥ **叉骨**：左右鎖骨連在一起形成的骨頭。只有暴龍之類的一部分獸腳類恐龍及鳥類才有這種骨頭。

⑦ **肩胛骨**：也叫扇骨，撐起肩膀形狀的骨頭。

⑧ **烏喙骨**：與肩胛骨一起撐起肩膀形狀的骨頭。包含人類在內的哺乳類動物，烏喙骨與肩胛骨合為一體，沒辦法各自分開。

⑨ **肱骨**：肩膀跟手肘之間的骨頭，就是俗稱的上臂骨。

⑩ **尺骨**：與橈骨一同組成前臂骨，連結肱骨與手掌。尺骨是靠小指側的骨頭，靠近肱骨的尺骨近端就是手肘。

⑪ **橈骨**：與尺骨一同組成前臂骨，連結肱骨與手掌。橈骨靠拇指側的骨頭。

最大的差別就在於「恥骨」!

鳥臀類恐龍與蜥臀類恐龍的最大差異,就在於組成骨盆的骨頭之一的恥骨。
鳥臀類恐龍的恥骨是向後伸,蜥臀類的恥骨卻是向前伸。

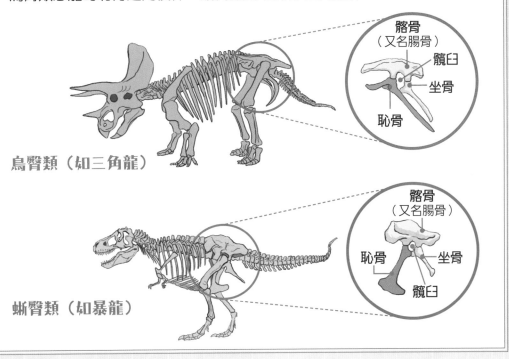

鳥臀類(如三角龍)

蜥臀類(如暴龍)

⑫ **腕骨**:由數塊小骨頭組成的手腕骨頭。

⑬ **掌骨**:手掌的骨頭,遠端與指骨連接。

⑭ **指骨**:前肢的指頭骨。指頭數量會依恐龍種類而不同。

⑮ **肋骨**:保護內臟的骨頭。

⑯ **腹肋骨**:保護腹部的骨頭。

⑰ **髂骨**:與恥骨、坐骨一起組成骨盆,上頭會附著移動後腿的肌肉。

⑱ **恥骨**:與髂骨、坐骨一起組成骨盆。根據推測,暴龍坐下休息時,這根骨頭會抵住地面。

⑲ **坐骨**:與髂骨、恥骨一起組成骨盆。

⑳ **股骨**:俗稱大腿骨。嵌在骨盆中央名為髖臼的孔洞中。

㉑ **脛骨**:小腿的骨頭。

㉒ **腓骨**:位於脛骨外側的細長骨頭。

㉓ **跗骨**:由好幾塊骨頭組成的腳踝骨頭。

㉔ **蹠骨**:腳掌骨頭,遠端連接趾骨。

㉕ **趾骨**:後腿的腳趾骨頭,數量會依恐龍種類而不同。

㉖ **人字骨**:排列在尾椎骨下方的人字形骨頭。

恐龍的基本知識 化石 形成的過程

現今我們能夠對恐龍這麼了解，得歸功於化石。現在我們就來了解一下，化石的形成過程吧。

階段 1 恐龍死亡

某隻恐龍死亡了。理由可能是遭其他恐龍攻擊，或是因為沒東西吃而餓死了。此時屍體如果沒有被其他恐龍破壞，未來發現化石的時候，骨頭很可能還連在一起。

階段 2 埋入土中

恐龍死亡後，屍體埋入泥沙或火山灰之中，通常肉跟內臟會逐漸腐爛，只剩下骨頭。這個階段如果曾受到水流沖刷，骨頭可能會分散各處。

第一具恐龍化石是什麼時候發現的？

人類第一次發現恐龍化石並且認定為「已經滅絕的巨大爬行類動物」，是在1822年。當時發現的化石，是禽龍的化石。在此之前，人類雖然也發現過恐龍化石，但誤以為是大象或巨人的骨頭化石。

階段 3 成分改變

骨頭埋在地底下經過漫長的歲月之後，骨頭的成分會因為地下水及堆積物（泥沙）中的礦物質而改變，形成化石。化石的顏色，會依改變後的成分性質不同，有可能是茶褐色、黑色或其他顏色。

階段 4 化石被人類發現

有時地面會遭水流切削，或是因地殼變動而隆起，這時化石有可能會露出地表。當人類發現化石之後，會小心翼翼除去黏在化石上的石頭，接著進行研究。

序章
露營場回到了恐龍時代？

....

？

怎麼了？

我好像聽見奇怪的聲音⋯⋯

噠噠

咚！

沙沙沙沙沙

有東西躲在那裡！

噠！

你到底是怎麼了？

呼……

呼……

沒什麼……

只是好像看到奇怪的動物。

而且牠一直在看著我。

我確實看到好像有一隻動物逃走……

吱吱

那也不必突然追過來吧？

我猜大概是猴子什麼的吧！

唔……但我總覺得牠看起來很像恐龍。

恐龍在6千6百萬年前就滅絕了啦！怎麼可能出現在這裡？

總之我們先回去吧！

拍

嗚嗚……好……

17

真拿你沒辦法～

碎碎唸個不停……

好啦好啦！

那隻動物真的很像恐龍嘛……

轟轟轟轟轟轟!!轟轟轟轟轟轟

搖晃……

是地震嗎？

轟轟轟轟轟轟

好……
好像很大！

哇……！

轟轟
轟轟
轟轟
轟轟

真的很晃！

我……
我站不起來了啦！

停……停了嗎？

你們都沒事吧？

坐起……

嗚……嗯……

露營場應該是這個方向吧！

趕快回去找爸爸他們吧！

總覺得景色好像不太對……

咦……？

等等！
那個是……

什麼？

哇！好大的鳥！

那應該不是鳥吧？

不可能……
絕對不可能……

驚

莎拉，你知道那些
動物是什麼？

那個應該是……

恐龍！

!?

如果是真的，實在太危險了！

簡直像是回到了恐龍時代……

難道是穿越時空了？

真的嗎？太棒了！

給我站住！

我要靠近一點看！

・・・

發 愣

？

哇！嚇死我了！

吵吵鬧鬧

！

!!?

糟糕！我們的聲音被那邊的恐龍聽見了！

這裡就是恐龍的生存舞臺！

流經森林的河川
許多恐龍都來這條河川喝水，不曉得人類喝了這條河的水，會不會有事……？

棲息著翼龍的岩石山
山頂的視野相當遼闊，但是棲息著翼龍，來到這裡一定要提高警覺！

開闊的平原
在岩石山的旁邊有一大片寬廣的平原。

沼澤
河川的附近有沼澤，在泥濘的路面很容易絆倒，非常危險！

古生物們的森林
除了恐龍之外，還棲息著許多各種不同動物的森林。有些動物會保護自己的地盤，進入時要特別小心。

棲息水生動物的海洋
感覺游泳應該會很舒服的大海，但好像可以看見一些巨大水生動物的身影。

第1關

恐龍來了 趕快逃！

恐龍來了趕快逃！

三人莫名其妙來到了陌生的世界裡，不小心闖進茶褐色恐龍的地盤。他們趕緊躲進草叢裡，卻因為被一隻黃色恐龍嚇一跳，發出了聲音。茶褐色恐龍聽見聲音，開始在地盤上巡視……

哇！

恐龍來了
趕快逃！

你會
怎麼做？

選擇
A 還是 B？

能夠提高生存機率的小建議！

遇上恐龍不要戰鬥！

和恐龍戰鬥多半贏不了。幸好還沒有被發現，趁現在趕快思考「逃走的辦法」吧。

恐龍的目標是什麼？

恐龍就跟其他動物一樣，會對「移動物體」產生反應。因此要是隨便亂動的話，可能會被當成敵人而遭受攻擊。

恐龍對「聲音」也相當敏感

恐龍對「聲音」也會產生反應。一旦發出聲音，可能會成為攻擊目標，不過或許能利用恐龍的這個特性逃走！

趁還沒被發現
之前快逃吧！

恐龍開始巡視周圍

情境 **1**

A **慢慢退後**　 **要選哪一邊**　**全力奔跑** B

茶褐色恐龍聽見三人的聲音，開始左顧右盼了。幸好恐龍還沒有發現他們，最好在事態惡化之前趕緊逃走……是不是應該慢慢退後，避免刺激恐龍？還是應該以最快的速度全力奔跑？

正確答案請見第 30 頁

應該躲到哪裡比較好？

情境 **2**

A **跳進湖裡**　 **要選哪一邊**　**躲到大岩石後面** B

三人與黃色恐龍成功逃離了茶褐色恐龍的地盤。雖然拉開了距離，但隨時有可能被追上。就在來到湖泊及大岩石附近時，三人決定找地方躲藏……這時應該跳進湖裡，還是躲到大岩石後面？

正確答案請見第 30 頁

情境 3　恐龍還在附近……

 要選哪一邊

A 靜靜待著不要動

B 找機會再次逃走

恐龍也等人成功躲了起來,但茶褐色恐龍似乎就在附近。到底該怎麼做,才能化解眼前的危機?應該靜靜待著不要動,避免刺激恐龍嗎?還是應該觀察恐龍的動靜,找機會逃走?

正確答案請見第 30 頁

情境 4　引開恐龍的注意力!

 要選哪一邊

A 以莎拉的無人機引誘

B 使用小呆的罐頭氣味引誘

雖然與茶褐色恐龍拉開了距離,但仔細聆聽,還是可以聽見細微的聲音,可見得恐龍並沒有走遠。有沒有辦法吸引恐龍的注意力,把牠們引開呢?莎拉的身上帶著無人機,小呆的身上帶著味道很濃的罐頭,該使用哪一種?

正確答案請見第 31 頁

找不到安全的地點？

要選哪一邊

 A 繼續朝森林深處前進

往小山丘前進 B

好不容易甩掉茶褐色恐龍的追趕，也離開了牠們的地盤。但是接下來該怎麼辦呢？如果可以的話，應該找個地方好好討論一下。一來要找出回露營區的路，二來想要找個不用擔心會遇上恐龍的安全地點。是不是應該繼續朝森林深處前進？還是應該朝遠方那座小山丘前進？

正確答案請見第 31 頁

對答案！

逃離恐龍的追擊
成功？失敗？

>>> 查看「提高存活率的方法」！

恐龍來了 趕快逃！

\正確答案是這個！/ 提高存活率的方法

為了逃離恐龍的攻擊，你做了哪些選擇？這些選擇是否正確？閱讀以下的說明，提升你的求生能力吧！

情境 1
恐龍開始巡視周圍

雖然不知道茶褐色恐龍的奔跑速度有多快，但以孩童的腳程，被發現了應該很難逃脫。因此比較保險的做法，應該是「Ａ 慢慢退後」。

情境 2
應該躲到哪裡比較好？

一旦跳進水裡，不見得能夠憋氣到恐龍離開。假如爬上岸，又可能會遭受攻擊。而且根據專家研究恐龍足跡化石的結果，有些恐龍能夠跳入水中游泳。說不定眼前的茶褐色恐龍也會游泳。因此還是建議選擇機動性比較高的「Ｂ 躲到大岩石後面」。

情境 3
恐龍還在附近……

既然知道恐龍就在附近，「Ａ 靜靜待著不要動」才是正確答案。如果想要找機會從情境2的大岩石後面逃走，或許反而會因為動作太大或發出聲音而被恐龍發現。說到這裡，有一樣道具能夠幫助你不用動就確認周圍狀況呢。詳情請見第32頁！

引開恐龍的注意力！

比較好的做法，是利用恐龍會被「移動物體」吸引的習性，選擇「 以莎拉的無人機引誘」。雖然用罐頭吸引也是一個方法，但要把罐頭放在遠處再逃走並不是一件容易的事。如果要抓出罐頭裡的食物拋向遠方，可能會因為手上沾了食物的氣味，同樣會成為恐龍追趕的對象。因此要安全引開恐龍的注意力，最好的方法還是使用能夠遙控操縱的無人機。

情境 5

找不到安全的地點？

森林的深處視線不佳，不容易確認周圍的狀況，而且有可能迷路。因此應該先前往「Ⓑ 小山丘」上，確認周圍的地形及環境。站在高處，或許能找到適合藏身的臨時據點，以及能夠取得飲用水的河岸。除此之外，還能確認沿途生長著什麼樣的植物，以及哪些地方是恐龍可能聚集的場所。

再次確認！

● 盡可能不要接近恐龍的地盤。

● 盡量不要發出任何聲音，否則有可能會被恐龍發現。

● 引開恐龍注意所使用的道具，一定要仔細考慮過再決定。

第 1 關 過關！

 道具 ITEM

有了它就能安全
引開恐龍！

 無人機

無人機能夠同時以動作及聲音吸引恐龍注意。不過某些國家的法律可能禁止一般民眾在某些地點使用無人機，平常練習操作前一定要先確認清楚法規！

 計時器

這個道具主要是利用恐龍會對聲音有反應的習性。只要先設定好時間，讓計時器在遙遠的地方響起，計時器就會吸引恐龍的注意，讓自己安全逃走。

可以當做計時式的
誘導裝置！

 袖珍鏡子

當不敢亂動的時候，只要伸出鏡子，對著想要看的方向，調整一下角度，就能輕易確認周圍的狀況。

能夠用來確認周圍
的狀況！

 # 訓練 TRAINING

 練習觀察動物！

仔細觀察看看這幾家裡養的寵物、在大自然中發現的野生動物，或是動物園裡的動物。有些動物可能會使用一些標記來宣示自己的地盤，或是為了保護自己地盤而攻擊其他動物，每一種動物都有其獨特的習性。相信恐龍應該也會有一些類似的習性才對。

養成仔細觀察周圍狀況的習慣

有些恐龍可能是成群結隊行動。舉例來說，小型肉食性恐龍可能會共同獵殺大型植食性恐龍，古生物學家已經發現類似這種情況的化石。肉食性恐龍很可能會主動攻擊人類，因此平常一定要養成仔細觀察周圍狀況的習慣，避免在逃走的過程中被恐龍包圍。

恐龍的腦部
可以讓我們知道很多事情

馳龍類（Dromaeosauridae）的恐龍腦部

與龍也等三人一起行動的那隻恐龍小不點，是馳龍科的冥河盜龍（*Acheroraptor*）。古生物學家對同屬馳龍科的斑比盜龍（*Bambiraptor*）腦部有一些最新研究進展，以下稍做介紹。

斑比盜龍的「顱腔」（裝大腦的空間）長約5.5公分，容積約14立方公分，由於科學家在顱腔內側發現血管的痕跡，推測顱腔的形狀應該大致等於腦部的形狀，因此估算出斑比盜龍的腦部重量約相當於12.6公克。

斑比盜龍的腦部，與身為恐龍倖存者的鳥類的腦部有什麼不同呢？我們先來比較看看體重與腦部重量之間的差異。斑比盜龍的體重約1.9～2.2公斤，腦重與體重的比值約是鳥類（鴿子）的0.9～1.0倍（鴿子的腦重是2公克，體重是0.3公斤）。斑比盜龍是腦重與體重的比值最大的恐龍之一。除此之外，馳龍科恐龍的腦部之中，負責思考事情

的「大腦」的比例相當大，因此古生物學家研判馳龍類恐龍應該算是一種非常聰明的恐龍。

而且這種恐龍的「視頂蓋」（與視覺能力有關的部位）相當發達，所以視覺應該非常好。感受嗅覺的「嗅球」很小，可見得嗅覺並不發達。這些特徵都讓古生物學家認為馳龍科恐龍是一種相當接近現代鳥類的恐龍。

▲ 斑比盜龍的腦（左圖）與鳥類（鴿子）的腦（右圖）的比較。除了大腦、嗅球、視頂蓋之外，兩邊都有負責運動身體的小腦，以及負責控制呼吸的延腦。

依據Burnham（2004）所繪製。

根據最新的研究，恐龍也跟人類一樣擁有大腦。現在就讓我們
來看看，從恐龍的大腦能看出什麼事？

 ## 暴龍擁有非常適合狩獵的腦

暴龍向來被認為是最強的恐龍。年幼的暴龍，就跟斑比盜龍一樣，顱腔主要是由腦所占據。

但是當暴龍成年之後，腦以外的其他組織在顱腔內所占的比例就越來越重，顱腔與腦的容積差距越來越大，這一點在暴龍腦部的研究上必須特別注意。

暴龍的腦部呈現前後細長狀，重量約424公克。這樣的腦有多小，和人類比一比就知道了。成年人類的腦部重量平均約1400公克。暴龍的體重是成年人類平均體重的大約150倍，腦部重量卻只有約3分之1。

但值得注意的是負責感受嗅覺的嗅球的部分。一般而言，嗅球在腦部中所占的比例，會隨著恐龍的體重變重而增加。但是暴龍的嗅球實在太過驚人，竟然達到腦部的71%，遠遠超過古生物學家根據體重所推估的比例。

擁有巨大嗅球的暴龍，應該具備強大的嗅覺，能夠聞出距離很遠或躲在陰暗處的獵物。

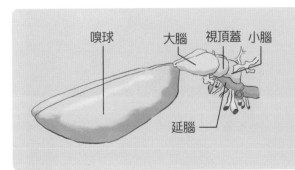

嗅球　　大腦　視頂蓋　小腦

延腦

暴龍的腦部

◀ 暴龍的腦部如左圖所示，整體呈現狹長狀。與斑比盜龍的腦部的最大差別之一，就是暴龍的大腦與其後方的各部位幾乎呈現水平排列。

依據Witmer & Ridgely（2008）所繪製。

下一關預告

觀察恐龍及植物，正確推斷時代！

三人好不容易甩掉了那些窮追不捨的茶褐色恐龍。

至於那隻黃色恐龍，則不知為何一直跟在他們身邊。

莎拉說牠是「冥河盜龍」，經過一番討論後，

三人決定將牠取名為「小不點」。剛剛他們忙著逃命，這時終於恢復冷靜，

心中浮現了一個問題：他們到底是在什麼時代？

莎拉提出可以「仔細觀察動植物，或許能查出一些線索」，

龍也與小呆也相當贊成。總之先搞清楚所處的時間吧！

第2關

查出時代背景！

第2關
查出時代背景！

三人帶著年幼的冥河盜龍「小不點」，朝著小山丘上
方前進。好不容易遠離了茶褐色恐龍的地盤，終於可
以稍微安心一點了。三人決定好好查清楚這個時代到
底是什麼時代。

第2關

查出時代背景！

啊！

你會怎麼做？

選擇 A 還是 B？

能夠提高生存機率的小建議！

仔細觀察沿路上的恐龍！
正如同我們在第7頁說明過的，每一個時代所生存的恐龍種類都不相同。
只要觀察其特徵，就能知道自己置身在什麼樣的時代裡。

也要注意植物的特徵
就跟恐龍一樣，只要能確認這個時代的植物特徵及名稱，就能知道現在是
什麼時代背景。

從恐龍留下的東西，也能找出一些線索！
例如可以從恐龍的足跡，觀察看看有幾根腳趾，不僅能知道恐龍的大小，
也能知道大致的分類。

身邊的一些道具也有
助於確認時代背景！

情境 1 觀察恐龍的特徵

A 後腿的腳趾

要選哪一邊

尾巴的長度 B

到底該怎麼做，才能確認時代背景呢？在莎拉的提議下，三人決定先回想剛剛那些茶褐色恐龍的特徵，再根據特徵來判斷時代。那些恐龍的最大特徵，是後腿的腳趾嗎？還是又細又長的尾巴？

正確答案請見第 44 頁

情境 2 觀察植物

A 花

要選哪一邊

樹木的高度 B

龍也等三人在森林中不斷前進，對植物相當熟悉的莎拉突然提議「或許從植物也能看出一些線索」。她獨自走向旁邊的木蘭花及蘇鐵樹，仔細觀察。這時候應該注意花，還是樹木的高度，才能得知這是什麼時代？

正確答案請見第 44 頁

情境 3　根據恐龍種類確認所在位置

A 蒙古

要選
哪一邊

北美洲 **B**

正當莎拉仔細觀察著植物時，小不點忽然跑了出去。三人趕緊追上，來到一片空曠處，竟看見好幾隻恐龍！「那個頭部……應該是厚頭龍（*Pachycephalosaurus*）！」莎拉如此說道。只要知道厚頭龍的棲息地點，應該就能知道這裡是什麼地區。

正確答案請見第 44 頁

情境 4　觀察巨大足跡

A 足跡的深度

要選
哪一邊

足跡的形狀 **B**

三人繼續在森林中前進，看見了巨大的恐龍足跡！雖然他們很害怕，還是仔細觀察那足跡。這是肉食性恐龍的足跡嗎？還是植食性恐龍的足跡？如果是肉食性恐龍，那可是相當危險，一定要趕緊查清楚才行。但是應該觀察足跡的哪個特徵呢？

正確答案請見第 45 頁

情境 5 仔細查看角龍

A 尖角和頭盾　　要選哪一邊　　腳和尾巴的長度 **B**

龍也等三人朝著小山丘前進，來到了一座小池塘邊。這裡似乎是恐龍們喝水的地方。有一隻恐龍正在喝水，看起來像是著名的三角龍。但是應該看身體的什麼部位，才能確認恐龍的種類呢？尖角和頭盾？還是腳和尾巴的長度？只要能查出這隻角龍的種類，應該就能確認時代了！

正確答案請見第 45 頁

 對答案！

查出時代背景

成功？失敗？ >>> 查看「提高存活率的方法」！

查出時代背景！

正確答案是這個！
提高存活率的方法

為了查出時代背景，你做了哪些選擇？這些選擇是否正確？閱讀以下的說明，提升你的求生能力吧！

情境1
觀察恐龍的特徵

正確答案是「🅐 後腿的腳趾」。茶褐色恐龍的後腿第二根腳趾（相當於手的食指）有著相當長的勾爪，這是馳龍科與傷齒龍科（*Troodontidae*）的特徵之一（請參見第117頁）。這兩種恐龍都生存於侏羅紀晚期到白堊紀晚期。至於尾巴的長度，與其他雙足步行恐龍並沒有太大差別，很難根據尾巴長度判斷恐龍種類。

情境2
觀察植物

木蘭科這類植物是從白堊紀早期開始出現，並且大量生長於白堊紀晚期（請參見第49頁）。根據「恐龍」跟「花」，就可以推測出此刻時代背景應該是白堊紀。所以這一題的正確答案是「🅐 花」。至於樹木的高度，由於打從古生代的石炭紀起，就出現巨大的樹木，形成了森林，所以要根據樹木的高度來確認時代並不容易。

情境3
根據恐龍種類確認所在位置

厚頭龍（請參見第118頁）是生存在北美洲的恐龍，所以這一題的答案是「🅑 北美洲」。生存於白堊紀的蒙古的傾頭龍（*Prenocephale*）雖然和厚頭龍是親戚，但體型較嬌小，全長只有2.5公尺，而且頭部周圍的尖刺也不明顯，千萬不要將牠們搞混了唷！只要查出厚頭龍這個名稱，就能知道這是什麼時代了，可惜龍也等人好像還沒有搞清楚呢。

情境 4
觀察巨大足跡

正確答案是「**B 足跡的形狀**」。前端尖銳的3根腳趾，是獸腳類恐龍的特徵。另外，只要將足跡的長度乘上4倍，大約就是後腿的長度，可以由此推估恐龍的全長。至於足跡的深度，會因恐龍的體重及地面的硬度而改變，所以沒辦法確認恐龍的種類。

情境 5
仔細查看角龍

大多數角龍類恐龍的腳和尾巴的長度都差不多，難以藉此確認種類。但是眼睛上方有2支角，鼻子上有1支角，再加上頭盾的形狀，這些都是三角龍的特徵，所以正確答案是「**A 尖角和頭盾**」。三角龍是白堊紀晚期生存於北美洲的恐龍，由此可知茶褐色恐龍可能是達科塔盜龍（*Dakotaraptor*）（請參見第117頁），而地上的腳印可能是暴龍（請參見第126頁）所留下的。

再次確認！

● 不要忽略恐龍身上的任何特徵。
● 從植物的種類也能確認背景時代。
● 將獲得的線索合在一起，就能知道這個時代是白堊紀晚期！

道具

ITEM

從事戶外活動時
記得帶在身上！

植物圖鑑

根據推測，許多現代的植物在白堊紀晚期就已經出現。因此只要以植物圖鑑確認附近植物種類，應該就能找到確認時代背景的線索。

指南針

通常是搭配地圖一起使用。從紅針及白針所指的方向可以確認方位，紅針指的方向是北方。只要搭配自己的位置及地圖上的方位，就能夠明白前進的方向。

※但是地球曾發生過好幾次地磁反轉的情況。

只要知道方向，
就不太會迷路了！

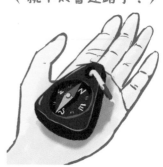

戶外活動用手套

進行戶外探險時一定會常常觸摸植物，很容易受傷。戶外活動用手套通常相當厚，可以用來保護雙手。

用手套來
保護手掌！

獲得大自然的知識與經驗吧！

訓練 TRAINING

🦾 在植物園好好觀察

想要在白堊紀的大自然環境裡存活下去，一定要具備關於植物的知識才行。只要走一趟植物園，就能觀察到世界各地的植物。有些可以食用，有些甚至還能當作藥材，裡頭或許能夠找到白堊紀植物的近親呢！快到植物園去，好好觀察一番吧。

🦾 參加「定向越野」運動！

「定向越野（Orienteering）」，是一種在深山、森林或草原上，只仰賴地圖及指南針，沿著特定的路線前進，看哪一個隊伍最快到達目的地的比賽。只要多參加這樣的運動，對於在白堊紀叢林中的求生行動一定會有所幫助的。不僅能夠獲得接觸大自然的機會，還能夠學會如何找出最有效率的探險路線。

白堊紀時代的地球模樣

阿帕拉契大陸（Appalachia）與 拉臘米迪亞大陸（Laramidia）

在中生代，北極與南極幾乎沒有冰山，氣候相當溫暖，海平面很高，地勢較低的地區在當時幾乎都沒入海中。

北美大陸也受了這個影響，進入白堊紀晚期後，被西部內陸海道分割成了東部的「阿帕拉契大陸」及西部的「拉臘米迪亞大陸」。

這條內陸海道深約760公尺，寬約970公里，長度足足有3200公里。

北美大陸因為這條海道而被切割成阿帕拉契大陸及拉臘米迪亞大陸，兩邊各生存著不同種類的恐龍。著名的暴龍及三角龍都是出現在拉臘米迪亞大陸的恐龍。

白堊紀時代的北美大陸

北極海

格陵蘭

賽維爾（Sevier）山脈

西部內陸海道

哈德遜（Hudson）海道

阿帕拉契大陸

拉臘米迪亞大陸

墨西哥灣

太平洋

◀現在的北美洲大陸。

◀約1億年前，海平面上升，導致北美洲大陸分裂成了東側的阿帕拉契大陸及西側的拉臘米迪亞大陸。大約9千萬～7千萬年前，阿帕拉契大陸的中央出現哈德遜海道，將阿帕拉契大陸分割成了南北兩邊。

 白堊紀的植物

在大約1億4500萬年前的白堊紀早期，因為會引起溫室效應*的二氧化碳濃度非常高，所以整個地球相當溫暖（請參見第63頁）。

被子植物（植物的類型之一，特徵是會開出真正有花瓣的花）在當時的數量還不多，但因為這種植物能夠利用花粉及種子增加後代，繁衍能力較強，因此比其他植物更容易獲得生長空間，逐漸成為植物相（特色地區所有植物集合）中的主角。

大量增加的被子植物不斷進行光合作用，降低了空氣中的二氧化碳。自從二氧化碳濃度降低後，靠近南北極地的地區開始出現溫差，氣溫開始隨著季節產生變化。

被子植物的最大特徵，就是會開出美麗的花朵，分泌出誘人的花蜜。被子植物正是靠著這些方式吸引昆蟲上門，讓昆蟲幫忙搬運花粉。

另一方面，昆蟲也慢慢演化，例如出現了長條狀的口部，能夠更有效率吸取花蜜。被子植物與昆蟲就這樣互相利用，一起進行演化（這稱作「共同演化」）。

這樣的生存策略非常成功，如今地球上現存的植物有超過 8 成都是被子植物，昆蟲也占了所有動物中的 7 成。

▲白堊紀就已出現以被子植物的花粉及花蜜為食物的蜜蜂。

*大氣之中的二氧化碳之類溫室效應氣體，會吸收太陽光中的紅外線的能量，使地球的溫度維持在一定值。二氧化碳的濃度越高，就會吸收越多的能量，讓整個地球的氣溫越高。

下一關預告

在恐龍時代的荒野中活下去！

三人終於查出如今的時代及地點，是白堊紀晚期的北美洲。

穿過了森林之後，他們來到了視野遼闊的小山丘上。

但接下來該怎麼辦才好呢？

沒有人知道何時才能回到原本的時代。

小呆及莎拉身上攜帶的飲水及食物，總有吃完的一天。

但他們相信總有一天能夠回到家人身邊，所以一定要好好活下去！

如果是你的話，接下來會怎麼做呢？

第3關

適應環境！

三人穿越時空，來到了白堊紀晚期的北美洲。但現在可沒有時間唉聲嘆氣，一定要想辦法活下去，並且找到返回現代的方法才行。問題是該怎麼做呢？

第3關

適應環境！

你會怎麼做？

嗚嗚！

選擇
A 還是 B？

能夠提高生存機率的小建議！

盡量維持健康，不要受傷或生病

荒野求生最重要的基本原則，就是照顧好自己的身體。一旦受傷或生病，就沒辦法在緊要關頭採取行動。因此隨時都要讓自己保持在精神充沛的狀態。

水比食物更加重要

人是一種不喝水就無法生存的動物，所以當務之急是找到補充飲水的方法。除了飲用之外，製作料理及洗澡也都需要水。

確保食物來源

食物也是存活下去所不可或缺的東西。它是讓身體能夠持續運作的能量來源之一，無論如何一定要確保能夠持續獲得才行。

要存活下去，最重要的是維持健康！

情境 1 要在哪裡休息呢？

A 洞窟 要選哪一邊 樹上 B

穿過了森林，來到小山丘上。遠眺附近的景色，三人都嚇了一跳。既然暫時沒辦法回到原本的時代，只能先找一個能夠安全休息的地點。從小山丘上看出去，能夠找到的地點有能夠遮風避雨的洞窟，以及能夠躲避猛獸的樹上……該選擇哪一邊呢？

正確答案請見第 58 頁

情境 2 確保飲用水！

A 直接喝 要選哪一邊 煮沸之後再喝 B

終於找到了休息的地點，接下來得確保飲用水才行！何況製作料理及清洗身體，也都必須用到水。三人於是帶著小不點到處探索，終於找到了一條河川。但是河水能夠直接喝嗎？還是應該先煮沸再喝？

唔～

正確答案請見第 58 頁

55

情境 3　休息的時候……

要選
哪一邊

A 吃巧克力

吃仙貝 **B**

三人成功確保了飲用水，但因為一直走來走去，而且白堊紀比現代熱得多，因此流了不少汗。龍也正要拿水出來喝，卻看見小呆拿出零食分給大家吃。像這種時候，應該吃巧克力，還是吃仙貝？

正確答案請見第 58 頁

情境 4　要怎麼抓住恐龍？

要選
哪一邊

A 在地上挖陷阱坑

偷襲戰術 **B**

三人找的食物都是以植物為主，但龍也忽然說了一句：「好想吃肉。」莎拉嚇了一大跳，小呆則主張：「補充蛋白質也很重要，有沒有辦法吃到恐龍的肉呢？」如果要抓恐龍，應該採用什麼樣的方法？

正確答案請見第 59 頁

56

該吃哪一種恐龍的肉？

A 植食性恐龍的肉

要選
哪一邊

肉食性恐龍的肉 B

三人在尋找食物的時候，剛好看到地上有一隻死掉的植食性恐龍與一隻肉食性恐龍，似乎是因為打架而兩敗俱傷。恐龍的身體還是溫的，顯然才剛死沒多久。雖然莎拉猶豫不決，但想要存活下去，就不能逃避吃恐龍肉。然而三人的力氣有限，沒辦法把兩隻恐龍都帶走。應該選擇吃植食性恐龍，還是選擇吃肉食性恐龍？

正確答案請見第 59 頁

對答案！

適應白堊紀的環境！

成功？失敗？　　>>> 查看「提高存活率的方法」！

適應環境！

正確答案是這個！

提高存活率的方法

為了適應環境，你做了哪些選擇？這些選擇是否正確？閱讀以下的說明，提升你的求生能力吧！

情境1
要在哪裡休息呢？

在樹上休息雖然比較安全，但在沒有屋頂的地方，沒有辦法遮風避雨，很難好好休息。而且這個時代的大型恐龍，或許比樹還高。所以正確答案是「A 洞窟」。但是洞窟裡頭可能躲藏著危險的動物，所以在進入洞窟之前，一定要在洞口焚燒樹枝，讓煙進入洞窟內，把裡頭的動物及昆蟲趕走。

情境2
確保飲用水！

河川的水裡頭含有許多微生物及細菌，生飲可能會拉肚子，一定要選擇「B 煮沸之後再喝」。煮沸有消毒殺菌的效果，所以能夠安心飲用。

嗚！

情境3
休息的時候……

白堊紀是地球發展史上最熱和最典型的溫室氣候時期，因此跑來跑去一定會流汗。當流汗的時候，體內的水分跟鹽分都會流失，這是導致中暑的重要原因。所以除了補充水分之外，也要記得補充鹽分。吃巧克力只能補充糖分而已，所以應該選擇「B 吃仙貝」。

情境 4
要怎麼抓住恐龍？

正確答案是「Ⓐ 在地上挖陷阱坑」。除了陷阱坑之外，還有很多可以抓恐龍的陷阱，但陷阱坑是最簡單的方法，因為只要挖洞再把洞口蓋住就行了。不建議採偷襲戰術，因為就算拿著武器躲起來偷襲，以兒童的力量也不太可能打倒恐龍，相較之下使用陷阱坑更安全且更有效率。

情境 5
該吃哪一種恐龍的肉？

正確答案是「Ⓐ 植食性恐龍的肉」。我們用日常生活中比較常見的「烏鴉」來當作例子。烏鴉有兩種常見的種類，一種是巨嘴鴉（*Corvus macrorhynchos*），另一種是小嘴烏鴉（*Corvus corone*）。巨嘴鴉是雜食性動物，從動物的屍體到昆蟲、樹果，可說是什麼都吃。相較之下，小嘴烏鴉卻是植食性動物。巨嘴鴉的肉有一股獨特的腥臭味，而小嘴烏鴉的肉則沒有什麼腥味。由此推測，應該是植食性恐龍的肉比較適合人類食用。

再次確認！

● 一定要找到安全的棲身之所。

● 飲用生水容易拉肚子。

● 如果要吃肉，最好選擇植物性恐龍的肉。

第3關　過關！

 道具

ITEM

生火變得
好簡單！

 打火石套組

使用野外的樹枝鑽木取火是一件非常困難的事，但如果有露營用的打火石套組，生火就會變得很簡單。

※如果要試用，一定要找大人陪同。

摩擦鎂棒，就會產生火花。只要讓火花落在木屑或火種上，就可以輕易生火。

兒童安全求生刀具

這種求生刀具與一般刀子的最大差異，就在於刀尖呈圓弧狀。雖然前端不尖銳，但要切魚或切肉都很方便，很適合在製作料理時當成菜刀使用。

※如果要試用，一定要有大人陪同。

兒童一定要選擇刀尖呈圓弧狀的求生刀！

有些還具有折疊收納功能。

鋁製飯盒

不管是要煮湯還是燉煮食物都非常方便。鋁製器具有易導熱的優點，就算用小火也可以將食物煮熟，非常方便！平常還可以拿來當便當盒，可說是一物多用。

體積輕巧，
攜帶相當
方便！

訓練

學會做菜，也能提升荒野求生能力！

製作食物是荒野求生的基本能力之一。所以平常應該多幫忙家人做菜，熟悉菜刀及火的使用方式。只要平日累積足夠的做菜經驗，就算到了白堊紀時代，相信也能利用手邊的食材、道具及調味料，製作出美味的料理！

先試試看在家中露營！

在野外露營並不是一件容易的事，因此在實際嘗試之前，建議可以先在家中的庭院或陽臺練習一下。操作方法很簡單，你可以在庭院或陽臺搭個帳篷，試著自己烹煮或製作餐點，然後在帳篷裡睡上一晚。在還沒有習慣露營之前，記得請大人在旁邊幫忙。

恐龍生存的時代，是很熱還是很冷？

🐾 白堊紀是生物的樂園？

中生代大陸的變化

盤古大陸

▲ 地球上最早出現恐龍的時代，是大約2億3千萬年前的三疊紀。當時全世界的大陸都連在一起，稱為「盤古大陸（Pangaea）」。

岡瓦納大陸

勞亞大陸

▲ 大約1億5千萬年前的侏羅紀。「盤古大陸」分裂為北方的「勞亞大陸（Laurasia）」及南方的「岡瓦納大陸（Gondwana）」。

▲大約9千萬年前的白堊紀晚期。世界各地的大陸位置及形狀越來越接近現代的情況。

我們在第48頁曾經介紹過，中生代的平均氣溫較現代高，有著非常溫暖的氣候。

現代的地球全體平均氣溫為14度，但是三疊紀早期的平均氣溫接近30度。現代的海面溫度約17度，三疊紀時在40度以上，即使是對當時的生物來說，應該也是相當難以忍受的高溫。因為這個緣故，盤古大陸有很大的區域為沙漠地帶，北極與南極幾乎沒有冰山。

但是進入侏羅紀後，就不再是這種高溫而乾燥的狀態了。因為大陸分裂，海岸線變長，因此空氣變得較為濕潤，也比較涼爽。到了侏羅紀晚期，平均氣溫降至15度，生物變得較容易繁殖，熱帶地區也慢慢出現了廣大的森林。

到了白堊紀晚期（約1億2千萬～8千萬年前），地球進入「白堊紀高溫

期」，因為全球暖化的關係，平均氣溫再度上升至25度，海面溫度也上升至26度。因為這個緣故，白堊紀是整個中生代時期植物最多的階段，幾乎整個地球的陸地都被綠色植物覆蓋。

然而在中生代，倒也不是整個地球上每個角落的平均氣溫都很高。在距離海岸較為遙遠的內陸地區或高原上，還是有可能頗為寒冷。這些地區的環境或許與現在的日本較為接近。

又例如中國東部的遼寧省，科學家推測這個地區在白堊紀早期的平均氣溫只有8～11度。當時的有羽毛恐龍可能可利用羽毛來抵禦寒冷。

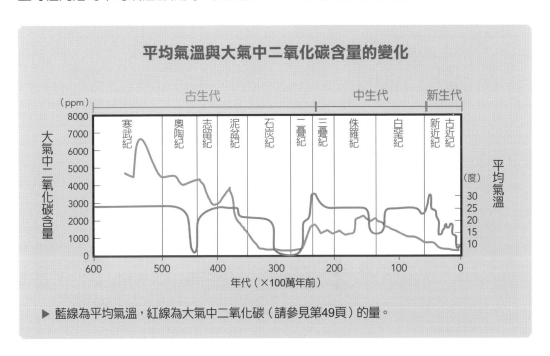

平均氣溫與大氣中二氧化碳含量的變化

▶ 藍線為平均氣溫，紅線為大氣中二氧化碳（請參見第49頁）的量。

下一關預告

可怕的生物可不是只有恐龍！

剛來到陌生的環境，讓龍也三人有些驚惶失措。

但是龍也負責蒐集食物，小呆負責料理，莎拉負責提供知識，

三人互相合作，慢慢適應了白堊紀的生活。

然而在這樣的環境裡，絕對不能輕忽大意。

因為在白堊紀晚期，需要注意的動物可不是只有恐龍而已。

除了恐龍之外，還有其他許多危險的動物！

面對這些可怕的動物，你會怎麼做？

第4關
恐龍以外
的可怕生物

恐龍以外的可怕生物

白堊紀晚期的生物，可不是只有恐龍而已。翼龍、水中猛獸、鱷魚的近親……龍也等人的身邊可說是存在著無數可怕的生物。想要提高生存機率，就必須知道各種生物的特徵！

第4關

恐龍以外的
可怕生物

啊！

你會
怎麼做？

選擇
A還是B？

能夠提高生存機率的小建議！

不能只靠外觀來判斷
就算是看起來相當可愛或溫馴的動物，也可能為了保護自己而發動攻擊，
絕對不能隨便接近。

只要是不熟悉的生物，就不要靠近！
就算是體型不大的動物，也可能有毒或具有極強的攻擊性。總之不要隨意
接近任何野生動物。

移動過程中一定要隨時注意安全
森林裡的視線不佳，就算附近有危險的動物，也不見得會發現，所以一定
要隨時提高警覺。

任何事情
都要三思而後行！

情境 1　河邊出現巨大動物！

 要選哪一邊

A　那是恐龍！

B　那是蜥蜴！

龍也帶著小不點，到洞窟附近的河邊補充飲用水，發現了一隻有著長尾巴的四足步行動物。看起來很像蜥蜴，但是體長超過3公尺，或許是恐龍也不一定。那到底是恐龍還是蜥蜴？

正確答案請見第 72 頁

情境 2　發現可愛動物！

 A　摸一下

要選哪一邊

不摸　B

三人在森林裡看見了一隻小巧的動物，長得有點像河狸，但比河狸還小一點。莎拉一邊喊著：「好可愛！」一邊走上前去。那搞不好是危險的動物，應該阻止她嗎？但牠看起來沒什麼危險性，或許不用太在意？

正確答案請見第 72 頁

情境 3　在沼澤地遇上大鱷魚！

A 左右搖晃做假動作，趁機逃走　要選哪一邊　直線快速逃走　**B**

三人來到了沼澤地，小呆想要喝水，卻不小心讓水壺掉進沼澤裡！小呆想要取回水壺，卻發現雙腳陷入泥濘之中，幾乎快要拔不出來。就在這時，小呆感覺到不對勁，仔細一看，周圍竟然有好幾隻巨大鱷魚！現在該怎麼做才能順利逃走？

正確答案請見第 72 頁

情境 4　在小山丘上遭翼龍襲擊！

A 跳進海裡　要選哪一邊　躲在岩石凹洞裡　**B**

龍也等三人到處探索，來到了小山丘上。龍也走得累了，坐在靠近大海的懸崖邊休息。龍也發現附近好像有某種動物的巢穴，但這時已經太遲了。抬頭一看，一隻巨大的翼龍正在低頭看著他們。現在該怎麼辦才好？

正確答案請見第 73 頁

A　站在海岸邊觀察　要選哪一邊　遠離海岸邊觀察　B

好不容易逃離了翼龍的視線，他們來到了大海的附近。龍也一邊喊著：「大海！」一邊朝著海岸奔跑。此時小呆發現外海好像有一隻非常巨大的動物，或許是一隻大魚，搞不好能當作食物。三人很想確認那海中生物到底是什麼，此時該如何觀察呢？

正確答案請見第 73 頁

對答案！

應付危險動物！

成功？失敗？　>>>　查看「提高存活率的方法」！

正確答案是這個！
提高存活率的方法

為了遠離危險的動物，你做了哪些選擇？這些選擇是否正確？閱讀以下的說明，提升你的求生能力吧！

情境 1
河邊出現巨大動物！

正確答案是「B 那是蜥蜴」。出現在河邊的巨大動物，是體型最大的蜥蜴「古薩尼瓦蜥（*Palaeosaniwa*）」（請參見第120頁）。要分辨恐龍和蜥蜴，最簡單的方法是看腳。恐龍的腳是往下垂直站立，蜥蜴等爬行類動物卻是往橫向延伸。

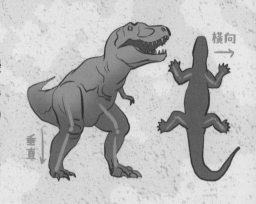

橫向 →

垂直

情境 2
發現可愛動物！

那隻大小像貓，外觀像河狸的小動物是「鼠齒獸（*Didelphodon*）」（請參見第120頁）。那是一種已經滅絕的哺乳類動物，根據科學家的研究推測，牠的上下顎咬合力量比老虎、獅子更強。要是隨便伸手觸摸，可能會被牠咬斷手指，千萬不要做這種事。所以正確答案是「B 不摸」。

情境 3
在沼澤地遇上大鱷魚！

這種鱷名叫「腕鱷（*Brachychampsa*）」（請參見第121頁），體長約3公尺，擁有強而有力的下顎及粗短的牙齒，咬合力量非常驚人。鱷類具有極為可怕的瞬間爆發力，但沒辦法長時間快速奔跑，因此正確做法是「B 直線快速逃走」，迅速拉開距離。就算往左右搖晃做假動作，鱷類有可能完全不理會，這麼做只是浪費時間而已，不如直接逃走。

就算跳進海裡，翼龍也可以飛至海面上發動攻擊，因此正確答案是「 **B 躲在岩石凹洞裡**」。三人遇上的這隻翼龍是神龍翼龍科（Azhdarchidae）的翼龍（請參見第121頁），牠的特徵是有著像長槍一樣的嘴，以及碩大的頭部。如果能夠躲進岩石的縫隙深處，讓翼龍的頭部鑽不進來，或許就有機會逃走。

正確答案是「 **B 遠離海岸邊觀察**」。圖中那隻巨大的海中生物，是海生爬行類動物「滄龍（*Mosasaurus*）」（請參見第122頁）。那是一種既像蜥蜴又像鯊魚的動物，就連鯊魚也會成為牠的食物。沒有進入海中，並不見得就一定安全。就像有些鯊魚在獵食時，會故意把獵物驅趕到淺灘附近一樣，滄龍也有可能為了尋找食物而靠近淺灘。

再次確認！

● 幾乎沒有一種野生動物是絕對安全的。
● 白堊紀的動物大部分都是巨大又強而有力，絕對不能輕忽大意。
● 尤其是在現代沒見過的生物，千萬要保持距離。

第 **4** 關 過關！

🧰 道具　ITEM

建議隨身攜帶！

🧰 三角巾

長約1公尺的三角形布塊。除了可以用來保護受傷部位，還可以用來止血，用途相當多。

如果要登山或進入森林、草叢中，一定要隨身攜帶！

🧰 真空毒液吸取器

被有毒的動物螫傷或咬傷時，可以用來急救的道具。形狀像針筒，只要抵在傷口上，將兩側的拉柄往上拉，就可以將毒液抽出體外。

🧰 涼感毛巾

在野外有時會因為受傷或發燒，必須立刻進行冰敷。雖然在白堊紀無法取得冰塊，但是不用擔心，涼感毛巾只要沾溼後擦乾，就會變得冰涼，相當好用。

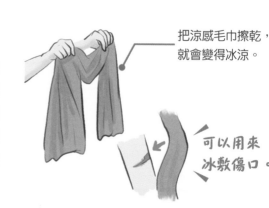

把涼感毛巾擦乾，就會變得冰涼。

可以用來冰敷傷口。

訓練 TRAINING

熟悉各種急救措施！

以紗布壓住傷口的「直接壓迫止血法」，與消毒方法、簡單的急救手法，從平常就要好好練習。當發生意外事故，或是遭危險動物攻擊時，一定能派上用場。在野外如果遇到有人突然受傷或生病，只要冷靜下來好好處理，或許就能救人一命。

一定要立刻急救！

面對不熟悉的生物，絕對不能掉以輕心

對於自然界的所有動植物，必須提高警覺。如果輕易伸手觸摸，很可能會被咬傷、抓傷，甚至有受重傷的危險。森林裡的蛇，或是花朵之類的植物，就連專家也往往很難判斷有沒有毒。因此只要是不熟悉的動植物，都不要隨便靠近！

生存於現代的古老生物
── 活化石 ──

👣 從恐龍時代存活至今的動物

你知道嗎？有些與恐龍生存在相同時代的生物，至今仍沒有滅絕喔！

鸚鵡螺（Nautilidae）就是很好的例子。這種生物如今棲息於南太平洋至澳洲近海一帶，通常待在水深100公尺至600公尺的水域內。早在古生代的寒武紀，這種生物便已出現，它是鸚鵡螺亞綱（Nautiloidea）[*1]的唯一現存物種。乍看之下像是海螺之類的螺貝類，但其實在分類上比較接近章魚或烏賊，特徵是擁有90根觸手。

另外還有鱘科（Acipenseridae）的魚類。這種魚的外觀有一點像鯊魚，但鯊魚屬於軟骨魚[*2]，鱘卻是硬骨魚[*3]。或許有些人對鱘這種魚類不熟悉，但一定都聽過以牠的卵醃製成的食物「魚子醬」。鱘所屬的鱘形目（Acipenseriformes）近親，早在三疊紀早期就已出現。包含鱘在內，共有5種近親存活至今。鱘主要棲息於美國的阿拉斯加灣，以及美國、墨西哥國界附近的淡水環境中。原本日本也有，但

各種活化石

鸚鵡螺

鱘

*1：亞綱為生物分類的項目之一。　*2：體內所有骨頭都是軟骨（有彈力的骨頭）的魚。

這世界上有一些生物從恐龍生存的時代一直延續到現代，並沒有滅絕。像這樣的生物，就稱作「活化石」。以下介紹一些著名的活化石。

在2007年日本的環境省已宣布日本的鱘已經滅絕，臺灣則有稱為鱘龍魚的中華鱘，是常見高山飼養的魚種之一。

棲息於蘇丹、塞內加爾等非洲熱帶地區的多鰭魚（Polypterus），也是一種活化石。多鰭魚最早出現於白堊紀，是多鰭魚目（Polypteriformes）的少數倖存者之一。其學名在拉丁文中，就是「擁有許多鰭」的意思。正如其名，多鰭魚的背上共有約10枚的小背鰭，但沒有尾鰭。矛尾魚（Latimeria）也是相當有名的活化石。其所屬的腔棘魚目（Coelacanthiformes）是早在泥盆紀就已出現的魚類。矛尾魚是目前已知腔棘魚目還未滅絕的的唯一分支。這是一種大型魚類，擁有8個鰭，原本科學家以為這類魚早在白堊紀晚期的生物大量滅絕事件中死亡殆盡，沒想到1938年竟然有人在南非東北海岸外海發現活魚，震驚了全世界。後來又有人在印度洋及印尼近海發現相同的魚。

為什麼這些古老生物能夠存活到今天，科學家還在持續研究當中。或許將來還會發現更多的「活化石」呢。

多鰭魚

矛尾魚

＊3：體內所有骨頭都是硬骨（堅硬骨頭）的魚。

下一關預告

有什麼方法能夠和恐龍和平共存呢？

龍也等三人在野外遇上了許多恐龍以外的危險動物。

這些過去只能從書本或影片上看到的古代生物，

如今竟然一一出現在自己的面前。

不僅如此，而且他們還多了「小不點」這個恐龍同伴。

「原來還有像小不點這樣，喜歡和人類交朋友的恐龍呢！」

對於小不點及其他形形色色的恐龍，三人具備的知識可說是少之又少。

到底該怎麼做，才能更加明白恐龍的生態，同時與恐龍和平相處？

第5關

與恐龍和平相處

第5關
與恐龍和平相處

在龍也他們置身的白堊紀晚期，還有許多其他的恐龍！要理解恐龍是什麼樣的生物，應該觀察哪些特徵呢？只要能夠掌握恐龍的生態，或許就能夠找到與恐龍和平共存的方法！

嗚嗚！

能夠提高生存機率的小建議！

調查恐龍的生態
每種動物都有自己的生態，行為模式與進食方法都大相逕庭。只要好好掌握這些資訊，應該就能獲得更多在這個時代存活下去的知識。

鳥類其實就是倖存的恐龍！
恐龍其實與現存的鳥類及爬蟲行類有許多相似之處。有些獸腳類恐龍，甚至會採取與鳥類一模一樣的繁殖行為。

只要觀察牙齒，就能知道恐龍以什麼為食物
要知道恐龍是植食性還是肉食性，只要看牠們的牙齒就行了。什麼樣的牙齒適合吃肉？回想一下人類所使用的餐具特性吧！適合吃肉的餐具通常具有什麼特性呢？

要觀察哪些地方，
才能明白生態呢？

情境 1 埃德蒙頓龍進食方式

要選哪一邊

A 咬碎後才吞下

B 直接大口吞下

龍也等三人走在平常生活的洞窟附近的森林裡，看見了一隻植食性的恐龍！他們怕驚動牠，在遠處小心翼翼觀察，確認牠是鳥腳類恐龍埃德蒙頓龍，同時還在地上發現牠的一顆小小的牙齒。這種恐龍是怎麼進食的呢？

正確答案請見第 86 頁

情境 2 小不點的食物是什麼？

要選哪一邊

A 肉食性

B 植食性

小不點雖然跟著三人一起行動，但三人卻不太理解小不點這種恐龍的習性，只知道牠似乎是一種名叫「冥河盜龍」的恐龍。牠是肉食性恐龍？還是植食性恐龍？龍也與小呆正為這件事吵個不停，莎拉忽然說「只要看牙齒就知道了」。仔細一看，小不點的牙齒相當尖，而且呈現鋸齒狀。

正確答案請見第 86 頁

情境 3　甲龍尾巴上的瘤是做什麼用？

 A 　儲存養分　　要選哪一邊　　用來當作武器 **B**

三人探索得累了，想要找個地方休息，剛好看見附近有塊適合仰靠的大岩石。但是走近一看，才發現那不是岩石，而是一隻巨大的甲龍（*Ankylosaurus*）！牠的堅硬身體凹凸不平，看起來好帥氣！但是那尾巴上的瘤看起來有點古怪，到底是做什麼用的？

正確答案請見第 86 頁

情境 4　安祖龍為什麼動也不動？

 A 　在大便　　要選哪一邊　　在孵蛋 **B**

三人繼續前進，來到一處視野良好的山坡上，他們在那裡看見一隻坐著不動的恐龍。那是一隻安祖龍（*Anzu*），屬於獸腳類恐龍，頭上那個像雞冠一樣的裝飾骨板非常醒目。三人仔細觀察，發現牠動也不動。牠到底在做什麼呢？

正確答案請見第 87 頁

情境 **5**

那個速度超快的恐龍是什麼龍？

要選哪一邊

Ⓐ 似鳥龍　　　　　　　　　　　厚頭龍 Ⓑ

好快！

三人正在觀察安祖龍時，忽然聽見沉重的腳步聲，似乎是有巨大的恐龍靠近。原來是一整群的安祖龍嚇得四處逃散，此時突然從附近的草叢中竄出一隻恐龍，以超越安祖龍的驚人速度奔向遠方！那到底是什麼龍呢？

正確答案請見第 87 頁

對答案！

理解恐龍的生態

成功？失敗？

>>> 查看「提高存活率的方法」！

\\ 正確答案是這個！ //

提高存活率的方法

關於恐龍的生態，你做了哪些選擇？這些選擇是否正確？閱讀以下的說明，提升你的求生能力吧！

情境 1
埃德蒙頓龍進食方式

正確答案是「Ⓐ 咬碎後才吞下」。埃德蒙頓龍（*Edmontosaurus*）（請參見第123頁）在進食時，不會將植物一口吞下，而是會以排列在上下顎的牙齒咬合，接著下顎上下移動，將植物磨碎了才吞下。

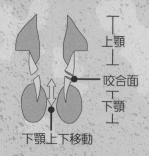

上顎
咬合面
下顎
下顎上下移動

▲ 埃德蒙頓龍的頭骨剖面圖。

情境 2
小不點的食物是什麼？

身為冥河盜龍（請參見第116頁）的小不點，是一隻「Ⓐ 肉食性」恐龍。鋸齒狀牙齒是肉食性恐龍的特徵，就像牛排刀一樣，能夠將肉切成小塊。只要觀察牙齒，就能知道該種恐龍吃的是什麼樣的食物。

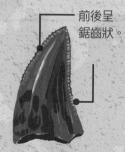

前後呈鋸齒狀。

▲ 肉食性恐龍的牙齒。

情境 3
甲龍尾巴上的瘤是做什麼用？

尾巴上的瘤，是一種類似鐵槌的武器，可以用來擊退暴龍之類的肉食性恐龍。雖然長得有點像是駱駝的駝峰，但用途並不是儲存養分。所以正確答案是「Ⓑ 用來當作武器」。值得一提的是甲龍（*Ankylosaurus*）（請參見第124頁）的身體雖然擁有防禦能力極強的裝甲，但這些裝甲的內部結構像海綿一樣，所以非常輕，並不會造成行動上的困難。

安祖龍為什麼動也不動？

安祖龍（*Anzu*）（請參見第125頁）並不是在大便。這種恐龍屬於偷蛋龍下目
（Oviraptorosauria），因有其親抱著蛋一起成為化石出土的例子，科學家研判
這是一種會孵蛋的恐龍。所以正確答案是「**B 在孵蛋**」。包含安祖龍在內，任
何動物在孵蛋或培育後代時，都會變得相當凶暴，具有極強的警戒心，所以千萬
不要隨便靠近。

那個速度超快的恐龍是什麼龍？

以超快速度超越安祖龍的恐龍是似鳥龍（*Ornithomimus*，請參見第125頁），所
以答案是「**A 似鳥龍**」。似鳥龍是一種跑得非常快的恐龍，最高時速可達60～
80公里，速度比厚頭龍更快。值得一提的是奔跑速度快的恐龍，都有著「附著
腿部肌肉的髂骨相當大」及「脛骨比股骨更長」等特徵。

再次確認！

● 擁有鋸齒狀牙齒很有可能是肉食性恐龍。
● 恐龍的生態與現存的爬行類及鳥類很接近。
● 只要觀察恐龍的骨骼及外觀，就可以大致推測其生態。

第5關 過關！

 道具 ITEM

為恐龍拍下
特寫照片吧！

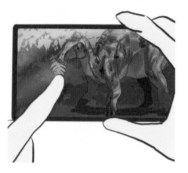

 具有照相功能的手機

現在的智慧型手機都具有拍攝照片、影片等多種功能。拍攝功能不需要手機訊號或連線上網也能使用，相當便利。然而手機有可能會沒電，所以如果能夠再準備太陽能電池（請參見第102頁）就更完美了。

雙筒式望遠鏡

倍數大約8～10倍的雙筒式望遠鏡。就算是警戒心極強的動物，也可以用它在100公尺外進行觀察，可說是荒野生活的必備道具。

能夠從遠方看得
一清二楚！

手搖充電式手電筒

在荒野之中每到夜晚或視線不佳時，總會有需要光線照明的時候。手搖充電式手電筒完全不需要擔心電池沒電，可說是相當方便。

在陰暗處也能
看得一清二楚！

訓練 TRAINING

仔細觀察動物的骨骼標本

我們在第9頁曾經提過，鳥類其實是一種獸腳類恐龍演化而來。換句話說，我們在日常生活中常看見的麻雀、烏鴉等，牠們的祖先都是恐龍。現代的鳥類與古代的一部分獸腳類恐龍有一些共通點，例如肩膀上有叉骨，以及身上有羽毛等等。因此只要仔細觀察鳥類的骨骼標本，或許就能看出一些恐龍的特徵呢！

為動物的行為模式找出理由

動物的各種行為，大多可以找出原由。舉例來說，當有一隻貓對你做出恫嚇的動作，有可能只是想要保護剛好在附近的孩子。因此當看見有動物正在生氣或做出恫嚇舉動時，最好的做法是趕緊離開。

破解恐龍的生態之謎!

根據後腿可以判斷恐龍的雌雄

分析恐龍的化石,除了能夠知道恐龍的外觀及其分類之外,甚至就連性別、進食習慣及產卵後的行為也能略知一二。

舉例來說,判斷恐龍性別的方法之一,就是觀察後腿骨的內部狀態。

現代的鳥類在產卵的時候,後腿骨的內部會出現名為髓質骨(medullary bone)的結構,這是因為製造出蛋殼需要大量鈣質,髓質骨就是用來儲存鈣質的部位。獸腳類恐龍在分類上最接近鳥類,所以跟鳥類一樣會出現髓質骨結構,只要觀察後腿骨,當發現髓質骨結構時,就可以肯定這隻恐龍是雌性。

此外,想要知道恐龍的生活模式,可以分析該種恐龍的「生物痕跡化石」。所謂的生物痕跡,指的就是足跡、食物殘渣、糞便及蛋等等,這些都有可能隱藏在地層之中,形成化石。舉例來說,假如某恐龍的骨頭化石上頭有

另一種恐龍咬過的痕跡,這兩種恐龍應該在生前是「獵食者」與「獵物」的關係(請參見第104頁)。當然畢竟我們沒辦法親眼目睹恐龍的生前活動,所以我們還必須參考現代的爬行類或鳥類的行為模式,進行深入探討與調查。

雌性鳥類「髓質骨」結構示意圖

白色的部分就是髓質骨。

正常的骨頭剖面圖,黑色部分為空洞。

形成髓質骨的骨頭剖面圖

▲ 雌性鳥類在產卵的時候,會形成像海綿一樣的髓質骨(如右上圖)。2005年,古生物學家在暴龍的骨頭內部也發現了像這樣的髓質骨。

只要仔細分析化石，就可以明白恐龍的生態。以下針對恐龍的
性別，以及產卵後的行為模式稍作介紹。

🔥 恐龍的育兒行為

　　有很多獸腳類的恐龍就跟大多數的
現代鳥類一樣會孵蛋。

　　1995年，古生物學家發現了一隻
獸腳類的葬火龍（Citipati）的化石，從
化石可以看出這隻葬火龍生前正坐在巢
穴裡，以前肢蓋住蛋。古生物學家由此
推測，這隻葬火龍是在孵蛋的狀態下變
成了化石。

　　古生物學家切開這隻葬火龍的後腿
骨頭，並沒有發現髓質骨，因此研判這
很可能是一隻雄性的葬火龍。另外根據
化石出土的地層狀態，可以得知葬火龍
生前正經歷一場沙塵暴。

　　根據這些線索，我們得知這隻葬火
龍是在沙塵暴之中持續孵著蛋，最後失
去了生命。另外在1923年，古生物學
家在戈壁沙漠發現一隻葬火龍的近親恐
龍的化石，蓋在幾顆蛋的上頭。剛開
始的時候，古生物學家以為那些蛋是原
角龍的，所以認為這隻偷蛋龍在偷原角

龍的蛋，因此將這種恐龍的拉丁學名取
名為「Oviraptor」，意思是「偷蛋的
賊」，中文翻譯為「偷蛋龍」。

　　「偷蛋龍」這個名稱一直延用到今
日，後來生物學家發現，這種蛋裡面的
胚胎其實就是竊蛋龍自己的並不是在偷
蛋，而是像葬火龍一樣，是在孵蛋。

葬火龍孵蛋化石

葬火龍的蛋

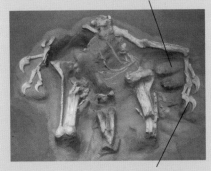

葬火龍的前肢

▲ 以孵蛋的姿勢變成化石的葬火龍。
　照片右側可看見牠的蛋，前肢蓋在
　蛋上。

三人即將面臨最大的危機！

沉重的腳步聲，不斷迴盪在三人的附近。

各種恐龍聽見腳步聲紛紛逃竄，

此時他們發現了一群冥河盜龍！

小不點看見同伴，急忙追了上去，

三人想要阻止，

卻看見樹叢裡走出了傳說中最凶暴的恐龍！

如果是你的話，會如何化解這個命懸一線的危機？

第 6 關

擊退凶暴的
恐龍！

擊退凶暴的恐龍！

白堊紀晚期的生物，可不是只有恐龍而已。翼龍、水中猛獸、鱷魚的近親……龍也等人的身邊可說是存在著無數可怕的生物。想要提高生存機率，就必須知道各種生物的特徵！

擊退凶暴的恐龍！

哇！

你會怎麼做？

選擇 A 還是 B？

能夠提高生存機率的小建議！

選擇能夠確實發揮效果的攻擊方式！
暴龍可說是所有恐龍之中最凶暴的種類，靠一般的方法恐怕沒有辦法將牠逼退，一定要找出能夠確實發揮效果的攻擊方式才行。

掌握暴龍的特徵！
觀察暴龍的身體及行為模式，找出牠的弱點。

每個瞬間都是生死關頭
對抗暴龍的時候，絕對不能有絲毫猶豫，否則會讓自己陷入更大的危險。
建議在情境選擇時，可以設定時間限制，讓自己必須在時間內做出決定。

回顧一下前面學過的各種知識及技巧！

拯救冥河盜龍！

要選哪一邊

A 飛到暴龍的臉部正面

飛到暴龍的臉部側面 **B**

如果可以的話，好想拯救遭暴龍追趕的那一群冥河盜龍！三人討論之後，決定拿一塊布沾上罐頭的湯汁，然後綁在無人機上，靠氣味引開暴龍的注意力。問題是無人機要飛往什麼方向，才能順利引開狂暴狀態的暴龍的注意力呢？

正確答案請見第 100 頁

逃跑的時候要注意什麼？

要選哪一邊

A 觀察暴龍的弱點

觀察周圍有沒有暴龍的同伴 **B**

三人成功讓追趕冥河盜龍的暴龍轉移注意力，但是無人機被暴龍擊落了，而且暴龍開始追趕他們！三人嚇得拔腿奔跑，只見暴龍的眼睛散發著凶惡的光芒！在逃跑的時候，應該注意什麼事情呢？

正確答案請見第 100 頁

情境
3 向暴龍發動反擊！

A 黑胡椒粉　　要選哪一邊　　辣椒醬　**B**

暴龍窮追不捨，三人的前方已經無路可逃了！再這樣下去，他們都會被暴龍吃掉！就在這時，小呆在背包裡發現了黑胡椒粉及辣椒醬。兩種都是刺激性的調味料，哪一種才能對暴龍造成較大的傷害？

正確答案請見第 100 頁

情境
4 阻止暴龍的行動！

A 攻擊前肢　　要選哪一邊　　攻擊後腿　**B**

小呆的反擊，成功讓暴龍痛苦的撞來撞去。三人與暴龍拉開了距離，多爭取了一些時間。接下來必須施展更具威力的攻擊才行，但暴龍的弱點到底是什麼？

正確答案請見第 101 頁

應該把暴龍引誘到哪裡去？

沼澤地

陷阱坑

暴龍澈底發狂了，朝著三人狂奔而來！真是好煩人的傢伙！有沒有什麼辦法能夠一招斃命，讓牠沒有辦法再逞凶呢？把牠引誘到第4章介紹過的那個有腕鱷的沼澤？還是三人在第3關挖的那個陷阱坑？

正確答案請見第 101 頁

對答案！

擊退暴龍

成功？失敗？

>>> 查看「提高存活率的方法」！

擊退凶暴的恐龍！

\正確答案是這個！/

提高存活率的方法

為了擊退暴龍，你做了哪些選擇？這些選擇是否正確？閱讀以下的說明，提升你的求生能力吧！

情境 1
拯救冥河盜龍！

我們在第35頁曾經提過，暴龍（請參見第126頁）擁有非常大的「嗅球」，與其身體幾乎不成比例，可見得暴龍具備極為靈敏的嗅覺。既然鼻孔是在臉部的正面，當然是「🅐 飛到暴龍的臉部正面」才能發揮最大效果。

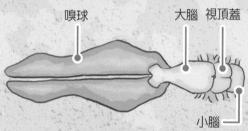

嗅球　　　大腦　視頂蓋

小腦

▲ 第35頁的暴龍腦部示意圖，由上方往下看的狀態。

依據Witmer & Ridgely（2008）所繪製。

情境 2
逃跑的時候要注意什麼？

想要擊退暴龍，就必須查出暴龍的弱點，這確實沒有錯。但是要一邊逃跑一邊觀察弱點，實在是太困難了。由於過去有研究指出暴龍可能會跟同伴一起合作進行狩獵，所以正確答案應該是「🅑 觀察周圍有沒有暴龍的同伴」。雖然目前看來運氣不錯，暴龍只有一隻，但還是不能掉以輕心，必須隨時注意周圍有沒有暴龍的同伴。如果被兩隻以上的暴龍包圍，那可就逃不了了。

情境 3
向暴龍發動反擊！

正確答案是「🅐 黑胡椒粉」。黑胡椒粉裡面含有「胡椒鹼（piperine）」，具有強烈的刺激性，或許能夠對暴龍的鼻子及眼睛造成傷害。選項B的辣椒醬雖然也有名為「辣椒素（capsaicin）」的強烈刺激成分，但因為是液體，比較不容易瞄準眼睛或鼻子攻擊。粉狀的黑胡椒能夠散布在空氣中，發揮最大的效果。

情境 4
阻止暴龍的行動！

暴龍是雙足步行恐龍，身體非常巨大，重達8.4～14噸。因此只要對後腿進行攻擊，就有機會讓暴龍失去平衡摔倒。攻擊前肢雖然也有可能造成傷害，但很難阻擋暴龍的攻勢，或是將暴龍擊退。所以這一題的正確答案是「**B 攻擊後腿**」。

情境 5
應該把暴龍引誘到哪裡去？

把暴龍引誘到沼澤地，讓暴龍失去平衡摔倒，雖然也是可行的做法，但因為沼澤裡難以確認地面狀況，有可能暴龍還沒有摔倒，自己就先陷入泥淖而無法動彈。因此較正確的做法，是引誘到「**B 小呆挖的陷阱坑**」。雖說那是用來捕捉小型恐龍用的陷阱，要用來對付暴龍可能有點太小了，但就算只是讓暴龍的一隻腳陷入坑內，還是能造成一定程度的打擊。

再次確認！

● 暴龍的弱點在於眼睛、鼻子及兩條後腿。

● 逃走的時候，一定要仔細觀察周圍有沒有其他暴龍。

● 先分析弱點，再針對弱點進行攻擊。

第6關 過關！

可以用來對付暴龍的道具！

 道具 ITEM

就算是在沒有電的
白堊紀也不用煩惱！

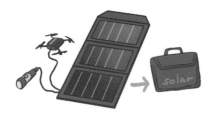

🧰 太陽能板電池

雖然白堊紀沒有發電廠，但還是有太陽。就算無人機或智慧型手機沒電了，也不用擔心！以太陽光發電及儲存電力的太陽能板電池，能夠解決你的煩惱。

🧰 各種辛香調味料

辛香調味料除了能夠用來製作料理，還有非常多的用途。例如黑胡椒能夠對動物的眼睛、鼻腔黏膜造成傷害，丁香則具有防蟲的功效。

※絕對不能撒在其他人或寵物的眼睛或鼻子上！

除了製作料理，
還有其他用途？

🧰 多功能鏟子

除了能夠用來當作鏟子之外，鋸齒狀邊緣能當作鋸子，另一邊還能用來測量長度。最好盡量選擇方便好攜帶的工具。

刻度

用來挖陷阱坑
也很方便！

鋸子

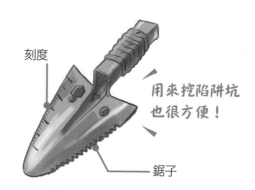

訓練

想像自己正在遭遇危險

任何人突然被暴龍追趕，想必都會手忙腳亂。但只要事先思考過「該怎麼做才能逃離暴龍」，當真遇上時就比較能夠保持冷靜。但是另一方面，也不能太掉以輕心。為了應付意料之外的情況，各種求生道具都必須事先準備妥當。

培養出隨時可以逃跑的體力

長時間行走或奔跑，其實是一件很累人的事情。因此平常就要多多健行或慢跑，鍛鍊好基礎體力，真正遇到事情的時候才不會氣喘吁吁。此外，突然做出劇烈運動很容易受傷，因此一定要養成運動之前先做熱身操的習慣。

恐龍之間的戰鬥

為恐龍的戰鬥留下了紀錄的「格鬥恐龍」

雖然電影裡經常出現恐龍打鬥的橋段，但真正的恐龍到底是以什麼樣的方式戰鬥？

想要知道恐龍實際上如何打鬥，可以參考蒙古戈壁沙漠出土的「格鬥恐龍」化石。

這塊化石是肉食性恐龍「伶盜龍（Velociraptor）」被推倒在地上，植食性恐龍「原角龍（Protoceratops）」壓在上頭的狀態（參考左下照片）。

根據推測，可能是兩隻恐龍正在打架，忽然出現沙塵暴，把兩隻恐龍都活埋了。

原角龍怕自己被吃掉，緊緊咬住了伶盜龍的前肢，而伶盜龍則是以帶有勾爪的後腿踢向原角龍的喉嚨附近。光從這化石，就可看出兩隻恐龍打鬥得多麼激烈。

從格鬥中的恐龍化石觀察恐龍之間的戰鬥

原角龍

伶盜龍

▲ 左側照片為格鬥恐龍化石的複製品，右側圖片為恐龍生前的想像圖。

（照片提供：神流町恐龍中心）

恐龍為了求生存，會如何與其他恐龍戰鬥？牠們會如何保護自己，如何狩獵食物？

🐾 暴龍的獵食方式

說起「很厲害的恐龍」，應該很多人馬上會聯想到「暴龍」。

曾經有些專家主張暴龍很可能從不狩獵，牠們很可能是以「腐肉」為食物，也就是尋找已經死掉的恐龍，吃屍體的肉。

但是到了1998年，古生物學家在一隻埃德蒙頓龍化石的尾椎骨上發現肉食性恐龍的咬痕，從此推翻了「暴龍只吃腐肉」的說法。

因為該尾椎骨的咬痕，距離地面約有2.9公尺高。在該時代的該地區，能夠在那麼高的位置咬出痕跡的肉食性恐龍，就只有暴龍而已。更重要的是那咬痕看起來有快要癒合的跡象，這意味著埃德蒙頓龍在被咬的時候並沒有死。根據這些推測，可以得到一個結論，那就是暴龍會攻擊活的恐龍。

除此之外，古生物學家也在美國蒙大拿州一處約6700萬年前的地層（地獄溪層，Hell Creek Formation）發現了一個暴龍類與三角龍互鬥的標本（Dueling Dinosaur）。從這塊標本上看起來，暴龍類的牙齒似乎咬在三角龍的背骨上，而暴龍類有不少牙齒及指甲都折斷了，頭骨還有裂痕。

雖然古生物學家沒有辦法肯定暴龍類的標本身上的傷是否為三角龍所造成，但如果是的話，那代表兩隻恐龍生前正在打著一場驚天動地的生死之戰。

根據這些線索，如今我們推測暴龍類應該是非常凶猛的獵食者。

終章
告別恐龍時代

那是……

隕石……？

我記得恐龍滅絕正是
因為隕石……

！

經過一陣劇烈衝擊，當我們醒來時，已經回到了現代。

由於一開始的那場地震，我們都被列為失蹤人口。

沒有人願意相信我們曾經穿越時空……

我們就這麼回歸到了原本的生活……

十多年後......北美洲

龍也,
休息一下吧!

OK!

只差一點就可以
看見整體的狀況
了......

是啊......

能夠發現狀態良好的化石，真是太幸運了。

我相信一定能有什麼新發現！

話說回來，真是佩服龍也的熱情呢！

最近你真的是幹勁十足！

因為我有一種預感，快要能見到「牠」了。

又想講穿越時空的事？那個笑話一點也不好笑。

我知道你們不會相信……

但我說的都是真的！

回到恐龍時代的經驗，可以說澈底改變了我們的人生。

莎拉成為一名科普書的作家，寫過好幾本介紹動植物奧妙的有趣書籍。

小呆成為一名專業廚師，他最自豪的是「曾用恐龍肉做過料理」（笑）。

三人之中最討厭看書的我，沒想到竟然成為一名古生物學家。

比起小時候，現在的我更加喜歡恐龍了。

在這個挖掘現場，我們發現了白堊紀晚期的化石……那正是當初我們前往的時代。

小不點……我們一定還會再見面，對吧？

結束

恐龍滅絕的原因

距今6千6百萬年前，恐龍突然從這個世界上消失了。到底是什麼事情導致恐龍集體消失？

巨大隕石從天而降？

恐龍滅絕的理由，目前的主流說法是「隕石撞擊地球」。其主要的證據，是科學家在全世界的白堊紀晚期地層都發現了一種名為「銥」的元素金屬。由於銥在地球上是很少見的元素，卻是隕石的常見成分，科學家因此推測白堊紀晚期曾有巨大隕石撞擊地球。

根據推測，可能有一顆直徑約10公里的巨大隕石，墜落至墨西哥的猶加敦半島周邊海域。強烈的撞擊形成了直徑約180公里的隕石坑，被命名為「希克蘇魯伯隕石坑（Chicxulub crater）」。

巨大隕石撞擊地球引發了大地震，高達100～300公尺的巨大海嘯襲擊南北美洲的沿岸地帶。四處飛散的高溫隕石碎塊在各地引發森林大火，另外在撞擊的瞬間還產生了可怕的熱浪。這場天災奪去了絕大多數恐龍、滄龍、菊石等生物的生命。恐龍之中，僅有少數成員逃過一劫，延續至今日，演化成為飛翔在我們周邊的鳥類。

為什麼牠們能夠存活下來？目前科學家還沒有找出確切的原因。或許是因為食量較小，只要有一點食物就能存活。但最重要的一點是，牠們的生態區位置跟恐龍已經大不相同，絕大多數生活在樹上或是遠離地面的方式，再加上體型也較小，幫助牠們與恐龍做出競爭上的區隔。

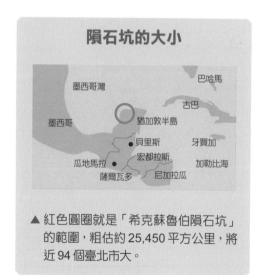

隕石坑的大小

▲ 紅色圓圈就是「希克蘇魯伯隕石坑」的範圍，粗估約 25,450 平方公里，將近 94 個臺北市大。

本書曾登場的

古生物們

本書所介紹的白堊紀晚期古生物，皆來自於北美洲一處名為
「地獄溪層（Hell Creek Formation）」的白堊紀晚期地層
之中。以下將詳細介紹這些生物的特徵。

※全長及體重皆是推估值。

冥河盜龍（*Acheroraptor*）

分類	獸腳類 ── 馳龍科	食性	肉食性
全長	約2公尺	體重	15～20 公斤

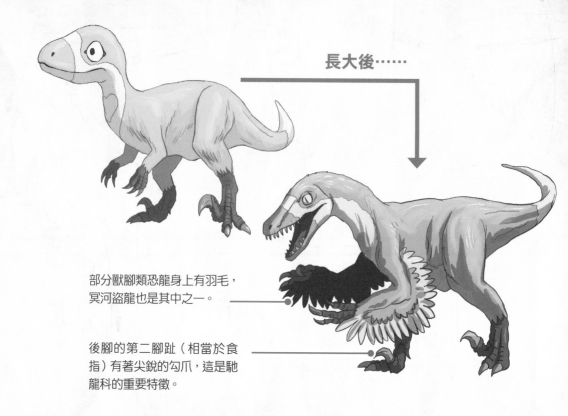

長大後……

部分獸腳類恐龍身上有羽毛，
冥河盜龍也是其中之一。

後腳的第二腳趾（相當於食
指）有著尖銳的勾爪，這是馳
龍科的重要特徵。

化石出土於2009年，地點是美國西北部蒙大拿州。「冥河盜龍」這個名
稱，始於2013年。「冥河」指的是歐洲東南方國家希臘內部的一條河。
該河川原名「阿克隆河（Acheron）」，但因為傳說是通往地獄之河，所
以又稱「冥河」。目前冥河盜龍只出土上下顎的一部分及少數牙齒化石，
因此對於這種恐龍的資訊，我們還有許多不明白之處。前肢的長羽毛應該
是在成長的過程中慢慢長出來的。

達科塔盜龍（*Dakotaraptor*）

分類	獸腳類 —— 馳龍科
全長	約 5.5 公尺

食性	肉食性
體重	220～350公斤

第二腳趾有著尖銳的勾爪，和冥河盜龍一樣。

馳龍科恐龍，化石在2005年於美國南達科塔州出土。學名中的*Dakota*即為南達科塔州的意思，*raptor*則是拉丁語中的「掠奪者」的意思，因此中文翻譯為「達科塔盜龍」。身體的全長十分接近馳龍科中體型最大的猶他盜龍（*Utahraptor*，生存於白堊紀早期的北美洲）。第二腳趾的勾爪可用來攻擊獵物，或是在進食時將食物按住。

No. 3

厚頭龍（*Pachycephalosaurus*）

分類	厚頭龍類 — 厚頭龍科		食性	植食性
全長	約 4.5 公尺		體重	約 450 公斤

頭部的頂端有一大塊隆起的骨頭，臉部及頭部的周圍排列著許多尖刺狀的突起物。

根據推測，厚頭龍奔跑時會將尾巴筆直抬起，有助於保持身體平衡。

打架的時候，會用堅硬的頭頂擠壓對手的腹部。

厚頭龍的學名*Pachycephalosaurus*，其中的*Pachycephalo*，源自於希臘文裡「很厚的頭部」的意思。過去考古學家推測厚頭龍為了爭奪族群中的老大地位，會以頭頂互相撞擊來分出高下，但近年已改成以頭頂擠壓對手的腹部。因為兩頭厚頭龍如果互相以頭頂撞擊，很有可能會造成頸部骨折。

三角龍（*Triceratops*）

分類	角龍類 ── 角龍科	食性	植食性
全長	8～9公尺	體重	6～9公噸

左右眼的上方各有一根長角，
鼻子上方還有一根短角。

頭部後方有寬大的盾狀
骨板。

腿部像犀牛一樣又
粗又壯。

三角龍的學名*Triceratops*，在希臘文中的原意是「擁有三根角的臉」。頭部後方的盾狀骨板的用途，有幾種不同的說法。有些專家認為是為了在遭受肉食性恐龍攻擊時能保護自己的身體，有些專家則認為是用來求偶。頭上的兩根長角在成年時可以長達1公尺，在其他恐龍眼裡必定是相當可怕的武器。

古薩尼瓦蜥（*Palaeosaniwa*）

| 分類 | 有鱗目—— 巨蜥科 |

| 食性 | 肉食性 | | 全長 | 3～3.5公尺 | | 體重 | 不明 |

外觀類似現代的巨蜥。

中生代體型最大的陸生蜥蜴。牙齒的前後呈鋸齒狀（有細小的凹凸），據推測食物應該是小型恐龍、哺乳類及各種動物的蛋。

鼠齒獸（*Didelphodon*）

| 分類 | 哺乳類（有袋類） |

| 食性 | 肉食性 | | 頭體長 | 約60公分 | | 體重 | 約5公斤 |

擁有尖銳的牙齒，可將肉撕裂。

中生代哺乳類動物中體型較大的一種。牙齒像刀刃一樣尖銳，據推測食物應該是已經死亡的動物的肉及骨頭。亦有一派說法認為牠是半水生動物。

※僅包含頭部及身體，不包含尾巴的體長。

No. 7

腕鱷（*Brachychampsa*）

分類 鱷目—— 球齒鱷類（Globidonta）

食性 肉食性　　**全長** 約3公尺　　**體重** 不明

據推測咬合力量比現代鱷魚更強。

鱷魚的一種，在美國西北部的蒙大拿州，以及加拿大中西部的薩克其萬省都有發現其化石。牙齒前端呈圓弧狀，或許可以用來咬碎貝類的硬殼。

No. 8

神龍翼龍科（*Azhdarchidae*）

分類 翼龍類 —— 神龍翼龍科

食性 肉食性　　**翼長** 1.4～12公尺　　**體重** 不明

像長頸鹿一樣的長脖子。

又尖又長的喙。

在地面時基本上是四足步行。

神龍翼龍科的學名Azhdarchidae是從波斯語「像龍一樣的生物」轉化而來，所以中文翻譯為「神龍翼龍」。這是一種白堊紀晚期的生物，分布地區遍及全世界。

※將翅膀張開，兩邊翅膀尾端的長度。

滄龍（*Mosasaurus*）

分類	有鱗目 —— 滄龍科	食性	肉食性
全長	6.5～11公尺	體重	不明

上下顎有著大量圓錐狀的尖銳牙齒，就算是菊石之類有硬殼的生物，也可以咬碎。

鰭狀的前肢據推測比尾鰭還大。

滄龍的學名*Mosasaurus*前面的Mosa是由法國東北部河川「默茲河（Meuse）」轉化而來。南北美洲及歐洲海域都有其化石出土，可見得分布範圍很廣。主要食物為海龜、菊石等。化石常有骨折痕跡，可見得應該常與海王龍（*Tylosaurus*）、傾齒龍（*Prognathodon*）等其他滄龍科生物互相攻擊。

埃德蒙頓龍（*Edmontosaurus*）

分類	鳥腳類 —— 鴨嘴龍科（Hadrosauridae）	食性	植食性
全長	約 12 公尺	體重	約 4 噸

雌

雌龍沒有頭冠。雄龍可能擁有不帶骨頭的皮質頭冠，據推測是為了求偶。

雄

每一根牙齒都是細長狀。

擁有非常多的牙齒，一般稱之為牙齒電池（dental battery），因為牠們會一直長出新的牙齒，非常適合磨碎植物。

鴨嘴龍科的恐龍都擁有左右突出的寬大嘴部，看起來像鴨嘴獸一樣，所以才有了這樣的稱呼。埃德蒙頓龍也是鴨嘴龍科底下的一種恐龍，屬於頭頂沒有骨板頭冠的櫛龍亞科（Saurolophinae），據推測主要棲息於水邊。大部分的時候是四足步行，但奔跑時可能改成兩足步行。

甲龍（*Ankylosaurus*）

分類	甲龍類 —— 甲龍科（Ankylosauridae）	食性	植食性
全長	6～8公尺	體重	4.8～8噸

能夠以尾巴前端的硬瘤與
肉食性恐龍戰鬥。

後腦杓的左右側邊
各有2根橫向的角，
背部的鎧甲一直延伸
到鼻尖。

甲龍的學名是*Ankylosaurus*，其中的*Ankylo*是「連結」的意思。因為牠
背部的堅硬鎧甲整塊連結在一起，所以才有了這樣的名稱。柔軟的腹部
是牠的弱點，但牠的體重最重可達8噸，肉食性恐龍要把牠翻過來也不容
易。據推測平常動作緩慢，但鎧甲的內部有許多空洞，所以相當輕，遇到
危險時還是能夠快速逃走。

No. 12

安祖龍（*Anzu*）

分類 獸腳類——偷蛋龍下目（Oviraptorosauria）

食性 雜食　　**全長** 3～3.5公尺　　**體重** 200～300公斤

頭頂隆起，看起來像戴了帽子。

北美洲體型最大的偷蛋龍類恐龍。名稱源自美索不達米亞※神話中的妖怪。主食據推測是植物及小動物。

※相當於現代的伊拉克、科威特、土耳其東南部等地區。

No. 13

似鳥龍（*Ornithomimus*）

分類 獸腳類——似鳥龍下目（Ornithomimosauria）

食性 草食性　　**翼長** 約3.8公尺　　**體重** 約170公斤

奔跑時速度可達時速60～80公里。

求偶用的鮮豔羽毛

學名*Ornithomimus*的意思就是「類似鳥的東西」，所以中文翻譯為「似鳥龍」。因為看起來像鴕鳥，所以有「鴕鳥恐龍」的暱稱。後腿的骨頭正面有著快速奔跑時能夠吸收衝擊力道的結構。

125

No. 14

暴龍（*Tyrannosaurus*）

分類	獸腳類 —— 暴龍科（Tyrannosauridae）	食性	肉食性
全長	約13公尺	體重	8.4～14噸

上下顎的咬合力量非常驚人，嘴裡排列著大量尖銳的牙齒。最長的牙齒可超過30公分。

前肢很短，用途據推測是睡醒時幫助起身，以及交配時將雌龍按住。

體型最大的獸腳類恐龍，同時也是當時的生態系統中位居食物鏈頂點的最強恐龍。咬合力道約是現生鱷魚的大約8.8倍，人類的35倍以上。每一根牙齒都足足有香蕉那麼粗，應該能夠將獵物連骨帶肉咬碎吞下肚。

126

主要參考文獻

- 《恐龍的教科書 最新研究揭示演化之謎》達倫‧奈許（Darren Naish）、保羅‧巴雷特（Paul Barrett）合著，小林快次、久保田克博、千葉謙太郎、田中康平監譯，吉田三知世翻譯（創元社）
- 《大人的「恐龍學」》土屋健著，小林快次監修（祥傳社新書）
- 《暴龍是多麼厲害》土屋健著，小林快次監修（文春新書）
- 《在恐龍時代求生》杜加爾‧迪克森（Dougal Dixon）著，椋田直子翻譯（學研）
- 《恐龍學》真鍋真著（學研）
- 《學研漫畫 科學奇妙探險 恐龍白堊紀冒險》小林快次監修，桃田里美繪圖，土屋健原案協力（學研）
- 《NHK特別節目 恐龍超世界》NHK特別節目「恐龍超世界」製作班著，小林快次、小西卓哉監修（日經國家地理社）
- 《「假如？」圖鑑 對比恐龍圖鑑》土屋健著，群馬縣立自然史博物館監修（實業之日本社）
- 《「假如？」圖鑑 恐龍的飼養方式》土屋健著，群馬縣立自然史博物館監修（實業之日本社）
- 《新‧恐龍學～變成鳥的恐龍的腦科學～》（岐阜縣博物館企劃展覽）

（知識讀本館）

這個時候你該怎麼辦？

從恐龍環伺到
荒野逃生的生存挑戰

監修｜兵庫縣立人與自然博物館研究員 久保田克博
繪者｜小豆野由美
譯者｜李彥樺
審訂｜楊子睿（國立自然科學博物館助理研究員）

責任編輯｜詹嬿馨
封面設計｜李潔
內頁排版｜翁秋燕
行銷企劃｜王予農

天下雜誌群創辦人｜殷允芃
董事長兼執行長｜何琦瑜
媒體暨產品事業群
總經理｜游玉雪
副總經理｜林彥傑
總編輯｜林欣靜
行銷總監｜林育菁
主編｜楊琇珊
版權主任｜何晨瑋、黃微真

出版者｜親子天下股份有限公司
地址｜台北市 104 建國北路一段 96 號 4 樓
電話｜（02）2509-2800　傳真｜（02）2509-2462
網址｜www.parenting.com.tw
讀者服務專線｜（02）2662-0332　週一～週五：09:00～17:30
傳真｜（02）2662-6048　客服信箱｜parenting@cw.com.tw
法律顧問｜台英國際商務法律事務所‧羅明通律師
製版印刷｜中原造像股份有限公司
總經銷｜大和圖書有限公司　電話：（02）8990-2588

出版日期｜2024 年 6 月第一版第一次印行
定價｜360 元
書號｜BKKKC272P
ISBN｜978-626-305-874-3（平裝）

訂購服務
親子天下 Shopping｜shopping.parenting.com.tw
海外‧大量訂購｜parenting@cw.com.tw
書香花園｜台北市建國北路二段 6 巷 11 號　電話（02）2506-1635
劃撥帳號｜50331356 親子天下股份有限公司

國家圖書館出版品預行編目(CIP)資料

這個時候你該怎麼辦？：從恐龍環伺到荒野逃生
的生存挑戰／久保田克博監修；小豆野由美繪；李
彥樺譯. -- 第一版. -- 臺北市：親子天下股份有限公
司, 2024.06
128面 ;17x23 公分. --（知識讀本館）
譯自：キミならどうする！？もしもサバイバル
恐竜時代で生きのこる方法
ISBN 978-626-305-874-3（平裝）

1.CST: 科學　2.CST: 通俗作品

307.9　　　　　　　　　　　　　　　113005197

Kiminara dosuru ！？ Moshimo survival kyoryujidaide ikinokoru hoho
Text Copyright © 2021 G.B.company
Illustrations Copyright © 2021 Ozunoyumi
Supervised by Kubota Katsuhiro
All rights reserved.
First published in Japan in 2021 by Poplar Publishing Co., Ltd.
Traditional Chinese translation rights arranged with Poplar Publishing Co., Ltd.
through FUTURE VIEW TECHNOLOGY LTD., TAIWAN.

立即購買 >